马文军 黄存瑞 容祖华 牛丽洁 编著

气候变化与健康
100问

100 Questions of Climate Change
and Health

科学出版社
北京

内 容 简 介

　　气象因素或气候变化与人类的健康密切相关。全书整理了100个气候变化健康知识点，采用问答形式并配有精美有趣的手画插图，从极端天气事件和气候变化、气候与健康的关系及应对气候变化三个部分进行科普，全书语言简洁，图文并茂，力图使枯燥的名词和理论变得通俗易懂，可读性强。希望本书能够提升公众对气候变化与健康的关系认知，提高适应能力，降低气候变化带来的健康风险。

　　本书可供对气候变化及其对健康影响感兴趣的大众阅读。

图书在版编目（CIP）数据

气候变化与健康100问 / 马文军等编著. —北京：科学出版社，2023.5

ISBN 978-7-03-074731-0

Ⅰ. ①气…　Ⅱ. ①马…　Ⅲ. ①气候变化－关系－健康－问题解答　Ⅳ. ①P467-44②R161-44

中国国家版本馆 CIP 数据核字（2023）第 020529 号

责任编辑：郭勇斌　彭婧煜　方昊圆 / 责任校对：郝甜甜
责任印制：苏铁锁 / 封面设计：黄华斌

科学出版社出版
北京东黄城根北街 16 号
邮政编码：100717
http://www.sciencep.com

北京凌奇印刷有限责任公司印刷
科学出版社发行　各地新华书店经销

*

2023 年 5 月第 一 版　　开本：720 × 1000　1/16
2024 年 3 月第二次印刷　　印张：8 1/4
字数：108 000
POD定价：69.00元
（如有印装质量问题，我社负责调换）

《气候变化与健康 100 问》
编 委 会

主　编：马文军　黄存瑞

副主编：容祖华　牛丽洁

编　委：（按姓氏笔划排序）

朱志华　刘　畅　刘　涛

李　杏　肖建鹏　何冠豪

胡建雄　曾韦霖

前　言

您是否有这样的感受：夏天越来越热，冬天降雪越来越少，洪水、干旱不时发生，也许你不知道，这些气象可能都与全球气候变化有关。

气候变化与人类的健康密切相关。气候变化对人类健康有很大的影响，包括直接影响和间接影响。直接影响是指高温、暴雨、台风、洪涝、雷暴等对人体健康造成的直接伤害；间接影响往往难以观察，常常通过改变社会经济或生态等而影响人类健康，如旱灾或洪灾极大减少洁净的水量，从而影响人类健康。

为了更好地应对气候变化，减少其健康风险，我们组织编写了这本《气候变化与健康 100 问》，对气候变化如何影响健康以及怎样应对等进行科普，以提高大众的认知和防范能力。

本书在国家重点研发计划全球变化及应对专项"气候变化健康风险评估、早期信号捕捉及对应策略研究"（课题编号：2018YFA0606200）支持下完成。在编写过程中得到了来自中山大学、暨南大学、南方医科大学、广东药科大学、桂林电子科技大学、广东省疾病预防控制中心、浙江省疾病预防控制中心、云南省疾病预防控制中心、广东省气候中心、广州市从化区气象局、云南省寄生虫病防治所、深圳市妇幼保健院的专家及年轻学者建议，在此表示由衷的感谢。

目　　录

第三部分 应对气候变化，降低健康危害

第一部分 气候变化与极端天气事件

1. 什么是气候变化?

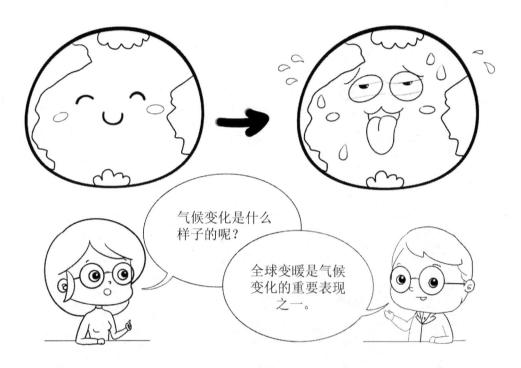

　　气候变化是气候平均值和气候极端值出现了统计意义上的显著变化。平均值的升降，表明气候平均状态的变化；气候极端值增大，表明气候状态不稳定性增加，气候异常愈加明显。政府间气候变化专门委员会(Intergovernmental Panel on Climate Change，IPCC)定义的气候变化是指基于自然变化和人类活动所引起的气候变动。具体表现为平均气温、平均降水量等气象指标以及极端天气事件（如高温热浪）出现了统计意义上的显著变化，如全球变暖就是气候变化的重要表现之一。

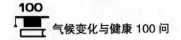

2. 我国气候发生了什么变化?

　　简单地说,过去 60 多年来,我国的地表年平均气温显著上升,极端高温事件频发,极端低温事件减少;平均年降水量有少许增加,登陆的台风数量增多;冻土和冰川在加速消融,海平面在加速上升;空气中的二氧化碳浓度也在逐年上升。

3. 气候变化的原因是什么？

伐木　　　　森林火灾　　　　畜牧业

工业废气　　　燃油汽车

气候变化常见的因素

　　气候变化的原因有两大类：自然因素和人类活动。太阳辐射变化、地球轨道变化、火山活动、大气与海洋环流变化等是造成气候变化的自然因素。人类活动，在生产生活中大量燃烧化石燃料，特别是工业革命以来，人类大规模改变土地利用方式和大量排放温室气体是造成气候变化的主要原因。根据政府间气候变化专门委员会第六次评估报告，人类活动是导致长期气候变化、极端天气事件发生频率升高和强度增加的深层原因。

4. 温室气体排放对气候有什么影响?

  温室气体是指大气中任何会吸收和释放红外辐射的气体。它们对太阳光中的可见光具有高度的穿透性,而对地面反射的红外光具有高度的吸收性。当太阳光照射到地球表面时,温室气体能大量吸收太阳光中的红外辐射,使地表升温,还能拦截地球表面反射回太空中的辐射,阻止了地球散热,使地球表面变得更暖,称为温室效应。《〈联合国气候变化框架公约〉京都议定书》中规定要控制的六种温室气体有二氧化碳(CO_2)、甲烷(CH_4)、氧化亚氮(N_2O)、氢氟碳化物($HFCs$)、全氟化碳($PFCs$)、六氟化硫(SF_6)。

5. 厄尔尼诺和拉尼娜是谁?

　　从南美洲厄瓜多尔和秘鲁海岸向西延伸,经赤道太平洋至国际日期变更线附近的海面温度会在 11 月至次年 3 月异常增高,因为这种现象发生在圣诞节前后,就被当地渔民称为厄尔尼诺,是"圣婴"(上帝之子)的意思。厄尔尼诺是一种周期性反常现象,大概每 2～7 年发生一次,发生当年夏季我国北方易出现高温干旱,南方则可能出现严重洪涝。

　　在厄尔尼诺发生后,拉尼娜有时会紧随其后,拉尼娜即赤道中东太平洋的海面温度异常偏低,同时伴随全球性气候混乱的现象。拉尼娜在西班牙语中是"圣女"的意思,当"她"出现时,我国易出现"冷冬热夏"现象,登陆我国的台风数量比常年多,夏季易出现"南旱北涝"现象。拉尼娜发生频率比厄尔尼诺低,其强度和影响程度也不如厄尔尼诺。

6. 土地利用与土地覆盖变化会引起气候变化吗?

　　土地利用是人类采取一系列手段,将土地的自然生态系统改变为人工生态系统,是对土地进行长期或周期性经营来满足人类自身需求的过程。土地覆盖变化是指地表上自然的植被、土壤、湖泊、沼泽以及各种人工建筑物如道路、楼房等诸要素的综合体,在特定时间和空间上发生变化。

　　土地利用与土地覆盖变化对气候的影响主要有两个方面:一是森林砍伐和草原开垦致使植被减少,导致光合作用途径固定的二氧化碳减少,由此加剧温室效应;二是土地覆盖变化带来地球表面粗糙度、反射率、植被面积、植被覆盖比例与其他影响水热通量的性质改变,影响海洋驱动的大气环流基本格局,引起地表温度、湿度、风速及降水发生变化,导致区域水分循环和热量平衡改变,从而影响区域气候变化。

7. 空气污染对气候有哪些影响?

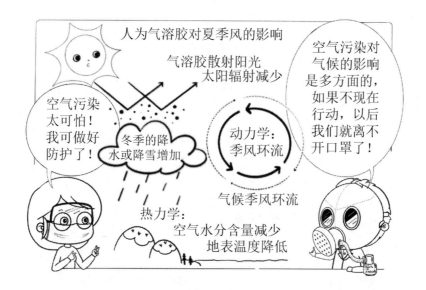

　　空气污染与气候存在相互影响的复杂关系。气溶胶是主要的空气污染物之一，它们主要来源于化石燃料燃烧。气溶胶的气候效应有 5 种：

（1）气溶胶可降低能见度，增加雾霾日。

（2）气溶胶会影响大气中的水循环，减少降水，加剧干旱。

（3）气溶胶可抵消一部分温室气体造成的气候变暖。

（4）气溶胶可能会增加冬季的降水或降雪。

（5）气溶胶可加速冰雪融化。

8. 气候波动、气候突变与气候变化有什么区别?

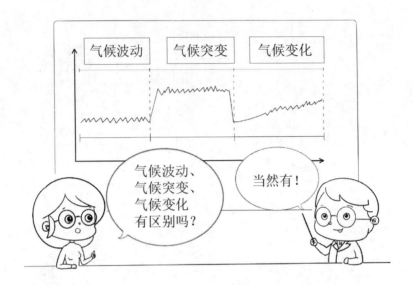

　　气候波动是指气候要素值围绕常年平均值上下波动变化,没有明显的改变趋势,有一定的准周期性。气候突变是指气候要素在较短的时期内从一个平均值向另一个平均值跃变并稳定下来呈现波动状态,可以是突然间一次性改变,也可以在短时期内逐渐变化。例如 2018 年,广州市年降水量为 1870.8 毫米,较常年值（1801.3 毫米）偏多 69.5 毫米,属于气候波动,如果 2018 年广州市年降水量下降至 1270.8 毫米,则属于气候突变。

　　气候变化通常是指较大时空尺度上,气候要素的变化呈现明显的长期趋势和倾向性。

9. 气候变化的显著特征是什么?

    气候变化的显著特征是全球变暖,根据政府间气候变化专门委员会第六次评估报告,2011~2020 年全球表面温度要比 1850~1900 年高 1.09℃。在未来 20 年内,即使温室气体排放量大幅减少,全球气温升高的幅度也将达到或超过 1.5℃。因此,如果不对温室气体排放加以严格限制,全球变暖仍将继续,会对生态系统造成严重、广泛和不可逆的影响。

10. 什么是极端天气事件?

　　极端天气事件指天气（气候）的状态严重偏离其平均态，在统计意义上属于发生概率极小的事件，通常发生概率只占该类天气现象的 10% 甚至更低。

　　世界气象组织规定，当气候要素（气压、气温、湿度等）的时、日、月、年值达到 25 年一遇，或者与其相应的 30 年平均值之差超过两倍标准差时，就可将其归类为极端天气事件。我国极端天气事件种类多，频次高，阶段性和季节性明显，区域差异大，影响范围广。高温热浪、寒潮、干旱、暴雨、洪涝、台风、沙尘暴、霜冻、大风、大雾、霾、冰雹、雷电、连阴雨等各类极端天气事件发生频繁，影响广泛。极端高温高发区较集中，干旱分布广泛，极端降水多发于南部，台风登陆时间集中，沙尘暴季节性明显，霜冻及寒潮北强南弱，大风区域性特点突出。

11. 我国气候变暖情况如何?

　　1951～2021 年我国地表年平均气温平均每 10 年升高 0.26℃。2021 年全国平均气温 10.53℃，较常年偏高 1.0℃。全国各地累计录得 810 个监测站日的极端高温事件，其中有 62 个站日最高气温突破历史极值，如云南元汇（44.1℃）和四川富顺（41.5℃）。

12. 什么是高温热浪?

我国气象部门规定日最高气温达到或超过 35℃时为高温天气,连续3 天以上的高温天气过程称为高温热浪。

气温的持续异常偏高是气候变化等多系统的综合作用,例如我国江南地区的夏季持续高温。由于副热带高压偏强和大气环流偏西的形势持续异常发生,因此出现晴空辐射加热和空气下沉增温的典型过程。

13. 气候变暖了，为什么有时感觉冬天会更冷？

　　随着气候变暖，低温事件总体减少，冬季平均气温上升，同时气温的波动幅度变大，因此不能排除在某些时间或地区发生低温事件。另外，由于人们对长期缓慢升高的气温环境的适应，以及供暖等生活条件的改善，人们对低温寒冷的感觉更加敏感。

14. 寒潮是什么?

　　寒潮是指来自北方高纬度地区的寒冷空气, 在特定的天气形势下迅速加强并向南入侵, 造成沿途地区剧烈降温、大风和雨雪天气。由于我国地域辽阔, 南北气候差异较大, 北方寒潮标准: 24 小时降温 10℃以上, 或48 小时内降温 12℃以上, 同时最低气温低于 4℃。南方寒潮标准: 24 小时降温 8℃以上, 或 48 小时内降温 10℃以上, 同时最低气温低于 5℃。

15. 雨下得越来越多了吗?

　　1961～2021年,我国平均年降水量呈增加趋势,平均每10年增加5.5毫米;但平均年降水日数呈现显著减少趋势,平均每10年减少1.8天。1961～2021年,我国年累计暴雨(日降水量大于等于50毫米)站日数呈增长趋势,平均每10年增加4.5%。区域间的降水量变化趋势差异比较明显,2016年以来青藏地区降水量持续偏多,西南地区降水量总体呈减少趋势;21世纪初以来,华北、东北以及西北地区的年降水量波动上升。

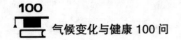

16. 登陆的台风越来越多了吗?

　　1961～2021 年西北太平洋和南海区域生成的台风个数趋于减少,但每年波动变化较大。其中登陆中国的台风个数呈弱的增多趋势,不过每年波动变化较大。2019～2021 年登陆我国的台风分别有 6 个、5 个、6 个。登陆台风的强度持续波动,有强有弱,2021 年登陆的台风平均强度为 10 级,较常年平均值 11 级低。

17. 梅雨好像没那么连绵了？

好潮湿！黑板上的字都化了！

　　梅雨是东亚地区独特的天气气候现象，每年 6～7 月出现在我国江南区、长江中下游区、江淮区到韩国、日本一带。由于持续长时间的连绵阴雨天气，器物容易发霉，又恰是江南梅子成熟时期，因此称为"梅雨"。梅雨的持续时间及降水量具有显著的年际变化特征。2022 年我国江南区和长江中下游区于 5 月 29 日入梅，分别较常年偏早 11 天和 16 天，江南区和长江中下游区于 7 月 8 日出梅，分别较常年偏早 2 天和 8 天，梅雨期长度均为 40 天，分别较常年偏长 9 天和 8 天。降水量方面，江南区为 426.1 毫米，较常年偏多 7.9%，长江中下游区为 258.3 毫米，较常年偏少 18.8%。

18. 雷暴轰轰而来的日子变少了?

　　雷暴是一种伴随有雷击、闪电、强风和强降水的强对流性天气现象,通常伴随短时强降水或冰雹。在我国,雷暴主要发生在 4～9 月,主要分布于青藏高原东部、云南中南部、四川、华南及长江中下游等地区。不同地区的雷暴日数变化趋势差异较大,2018 年北京、哈尔滨和香港的雷暴日数分别为 23 天、26 天和 38 天。1961～2018 年,北京的年雷暴日数呈下降趋势,平均每 10 年减少 1.5 天,而香港的年雷暴日数呈显著增加趋势,平均每 10 年增加 2.8 天。

19. 暴雪在增多吗?

　　在天气预报中,不同强度的降雪主要以降雪量来衡量,当 24 小时降雪量达到 10.0~19.9 毫米时为暴雪,20.0~29.9 毫米为大暴雪,超过 30.0 毫米为特大暴雪。在全球气候变化影响下,虽然地表年平均温度持续上升,但降雪量呈现年代际变化增加。我国主要降雪区域之一的东北地区,1961~2017 年的年降雪量以 1.93 毫米每 10 年的速率显著增加,而年降雪日数则以 2.08 日每 10 年的速率显著减少,伴随着微量降雪日数和小雪降雪日数减少,而中雪降雪日数、大雪降雪日数显著增加。

20. 什么是龙卷风？

　　龙卷风是一种少见的、小尺度的、来势凶猛且破坏力极强的天气现象。它一般表现为积雨云底伸展至地面的漏斗状云柱产生的具有垂直轴的小范围强烈旋风，其持续时间一般不超过 30 分钟，中心最大风速可超过 140 米/秒。

　　2019 年我国可确认发生的龙卷风有 8 次，虽然数量上较常年偏少，但共造成 16 人死亡、218 人受伤，其中 7 月辽宁省铁岭市开原市突发龙卷风，持续时间约 30 分钟，行进距离约 14 千米，最大破坏直径约 400 米，并造成 7 人死亡和 190 人受伤。

21. 沙尘滚滚会变多吗?

　　1961～2021 年监测显示,我国北方地区平均沙尘日数呈明显减少趋势,平均每 10 年减少 3.3 天,1990 年平均沙尘日数下降到 10 天以下,但 1997 年后沙尘天气再次增多,2001 年平均沙尘日数重回 10 天以上。由于我国对生态环境保护的重视,北方平均沙尘日数持续下降,2021 年平均沙尘日数为 7.0 天,较常年值少 2.5 天。

22. 霾是什么?

　　大量粒径为几微米以下的大气气溶胶粒子使水平能见度小于 10 千米、空气普遍混浊的天气现象,称为霾。在观测时,排除降水、沙尘暴、扬沙、浮尘等影响视程的天气现象后,若水平能见度小于 10 千米且相对湿度小于 80%,则判识为霾。霾的预报等级分为 4 级,分别为轻微霾(5 千米≤能见度<10 千米)、轻度霾(3 千米≤能见度<5 千米)、中度霾(2 千米≤能见度<3 千米)以及重度霾(能见度<2 千米)。

23. 干旱越来越少了吗?

　　1961～2021 年,我国一共发生了 189 次区域性气象干旱事件,其中极端干旱事件(春季连续无降雨 61 天以上,或夏季连续无降雨 46 天以上、秋冬季连续无降雨 91 天以上,表现为地表植物干枯死亡,对农作物和生态环境造成严重影响,对工业生产和人畜饮水产生较大影响)有 16 次。2009 年以来区域性气象干旱事件总量偏少,2021 年我国共发生 4 次区域性气象干旱事件,其中华南地区出现的春夏秋连旱,达到了严重干旱等级。

第二部分　气候与健康防护

高温篇

24. 真的会热死人吗?

　　人体最舒适的环境温度为 20～28℃，当温度高于 28℃时，人就会感觉不舒适，如果体内热量散发不及时，体温调节失衡就会引起体温升高，感到疲倦、思维迟钝、烦躁不安。当温度上升到 30℃时，身体的汗腺就会全部投入工作，出汗过多就会消耗体内大量的水分和盐分，使血液浓缩，增加心脏负担，将出现肌肉痉挛、脱水中暑，诱发或加重心脑血管疾病，严重时可导致死亡。高温热浪能显著增加心脑血管疾病和呼吸系统疾病的死亡风险。据世界卫生组织预估，2030～2050 年，每年将有 3.8 万老年人死于气温过高，所以高温热浪被称为沉默的杀手。

25. 高温会诱发脑卒中吗?

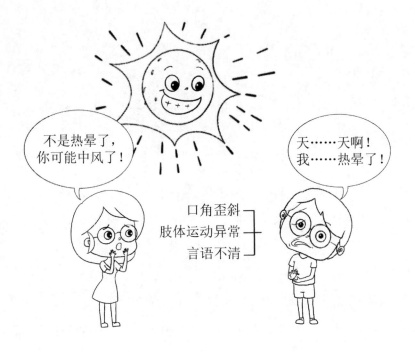

脑卒中又称为中风,其发病机理复杂,病因多样。气象条件是影响脑卒中发病的因素之一。夏季的炎热会促使机体排汗散热,血管舒张,血压下降,加之体液减少,造成血流缓慢、血液浓缩,容易发生血栓导致缺血性脑卒中。湖北省一项调查研究发现高温热浪天气发生 2 天内,脑卒中死亡风险增加 11.4%。

26. 为什么在高温热浪天气血压不好控制?

高温热浪天气下，高血压患者血压波动有多种原因:

①高温会使外周血管扩张，引起血液流向外周血管使血压降低。

②高温促使机体排汗散热，大量出汗导致血容量下降，致使血压下降。

③夏天室内空调温度过低，造成血管迅速收缩，血压骤升。

27. 热到心脏病发?

在高温时，气温每升高1℃，冠心病发作风险会提高7.7%！

　　冠心病也称缺血性心脏病，其分型有无症状心肌缺血型、心绞痛型、心肌梗死型、缺血性心肌病型、猝死型。高温热浪会激活体内炎症系统，诱导血管收缩因子和血栓素等活性物质，增加血液黏稠度，促使血小板聚集形成血栓；加之高温会使体内微循环血管扩张，加上大量出汗，血液浓缩，血流缓慢，血管清除血栓能力下降，容易诱发心肌梗死，特别对已有动脉粥样硬化性狭窄的患者十分危险。有研究发现，在高温时，气温每升高 1℃，冠心病发作风险会提高 7.7%。

28. 高温炎热对肾也不友好？

高温炎热对肾脏的影响

①大量排汗
②血栓形成
③炎症反应

热天去跑步，
除了护膝，
还要注意什么？

炎热天气，
还要保护肾！

在高温环境下作业、运动及进行其他活动时，如果机体散热不及时，体温调节失衡，就可能带来肾脏损害。高温致使肾脏损伤的机制如下：

①高温下大量排汗的同时还会失去钠、钾、磷、钙、镁等元素，引起电解质紊乱，使肾小管内外渗透压失衡，小管上皮细胞肿胀，细胞内毒性代谢物迅速积累，加重细胞死亡。

②体液大量流失可激活内源性凝血途径，血管舒张因子、内皮素、前列腺素环内过氧化物及一氧化氮浓度升高，同时血液浓稠和低血容量等可造成凝血功能障碍，促使肾内微血管血栓形成，导致肾脏损伤。

③在热应激下，机体为了散热而扩张表皮血管和收缩内脏血管，同时由于运动带来的组织缺氧、缺血再灌注、凝血障碍等损伤，加上肠道黏膜上皮通透性增加，会使内毒素进入门脉循环，造成全身炎症反应，也会给肾脏带来损害。

29. 糖尿病患者在高温天气面临什么风险？

炎炎夏日出汗较多，加之糖尿病患者的多尿症状，如果不及时补充饮水，很容易发生血液浓缩和血液渗透压升高，致使血糖显著升高。高血糖将引起渗透性利尿，大量水分及电解质流失，又使血糖、血钠及血液渗透压进一步升高，陷入恶性循环，导致严重脱水，出现不同程度的意识障碍（包括表情淡漠、反应迟钝、嗜睡、神志不清甚至昏迷）及皮肤干燥、脉搏细速、眼球内陷等脱水体征，还会伴随局限性抽搐、偏瘫、偏盲和失语等中枢神经系统受损症状，临床上称之为糖尿病高渗性昏迷。

30. 高温会影响生殖健康吗?

高温可引起精子的代谢异常与氧化损伤，导致精子形态和运动异常、数量减少、活性降低以及受精能力下降甚至不育。孕晚期暴露于高温可能会使孕妇大量出汗，体液不足会减少胎儿血液流动，导致子宫血液减少和宫缩，触发分娩以致早产，高温还可能引起孕妇的皮质醇等激素的释放诱发分娩。

31. 什么是中暑?

天气太热啦！感觉头痛头晕、多汗无力、全身发软，我是不是中暑了呢？

中暑是在高温和（或）高湿环境下，由于体温调节中枢功能障碍、汗腺功能衰竭、水和电解质流失过多而引起的以中枢神经和（或）心血管功能障碍为主要表现的急性疾病。中暑分为先兆中暑、轻症中暑、重症中暑（包括热痉挛、热衰竭和热射病）。长时间暴露在高温环境下，出现头痛、头晕、口渴、多汗、四肢无力发酸、注意力不集中、动作不协调和（或）体温上升等先兆中暑症状时，如果忽视，不及时降温和补水，继续暴露在高温环境中将发展到轻症中暑和重症中暑，严重可致人死亡。

32. 中暑了怎么办?

当长时间处在炎热环境并出现先兆中暑症状时，应该警觉，避免继续暴露发展成严重病症。

①迅速撤离引起中暑的高温环境，选择阴凉通风的地方休息。不可马上进入空调房间，瞬间的冷热温差可能使患者症状加重。

②适量补充含盐分饮料，避免大量饮用清水。

③体温升高者可给予冷敷等物理降温。

④对于轻症中暑或重症中暑并出现血压下降、晕厥的患者，在给予快速降温的同时，应尽快送医院治疗。

33. 出汗和补盐有什么关系?

当环境温度较高或机体产热增多时,身体通过出汗进行散热从而调节体温。汗液中水分约占 99%,其余成分为氯化钠等盐分,以及少量的尿素、乳酸和脂肪酸。

如果大量出汗,只补充水分而忽略补充盐分,会加剧血液中钠离子浓度下降,使细胞内外形成渗透压差,将促使细胞外的水分进入细胞内,引起细胞肿胀,可导致脑水肿、肺水肿等情况。因此在出汗较多的情况下,注意在补水的同时适量补充一些盐分。

34. 高温热浪是溺水的帮凶吗？

　　溺水已成为我国少年儿童非正常死亡的第一死因，据国家卫健委和公安部不完全统计，我国每年约有 5.7 万人死于溺水，其中 56% 是少年儿童。随着气候变化带来的气温上升，夏季的炎热程度更强、时间更长，游泳、水上活动及水中作业的机会将增加，人群溺水的风险可能会增加。

35. 会热到精神出问题吗?

　　气温升高除了会诱发心脑血管疾病和呼吸系统疾病等以外，还可能增加精神疾病的发生。当人长时间处在高温环境下，除了疲惫、烦躁还可能会逐渐产生压抑、愤怒和痛苦等消极情绪。研究发现当温度超过 21℃ 时，人们的幸福感会下降。我国台湾地区的一项研究指出，当气温超过 23℃，每增加 1℃，重度抑郁症的患病率增加 7%。另一项在上海的研究发现，日平均气温的升高与精神分裂症住院人数增加呈显著正相关。

36. 高温热浪防护要注意哪些?

①通过电视、广播、网络等了解高温天气的强度以及持续时间。

②避免或减少高温暴露的机会及减少高温暴露持续时间。

③多喝茶水,大量出汗时要注意补盐,避免过量饮酒。

④做好个人防护,穿舒适透气的浅色衣服。

⑤提前在皮肤外露处涂上防晒霜。

⑥避免在高温环境下剧烈运动和作业,注意调整工作时长。

⑦高温天气下,可使用空调和风扇降温。

⑧照顾好身边的老人、孕妇和小孩,留意热相关疾病的症状。

37. 常吹空调会得"空调病"吗?

夏季高温下，人们长时间处于空调制冷房间中会逐渐出现鼻塞、眼睛干涩、嘴唇干、头昏、打喷嚏、耳鸣、乏力、皮肤发紧发干、皮肤易过敏和起皱、关节痛、肌肉痛、肠胃不适等症状，被称为"空调病"。"空调病"主要是因为人们长时间处于干冷环境中机体发生脱水，从而影响机体正常代谢所致。

38. 夏季来临前如何清洗空调?

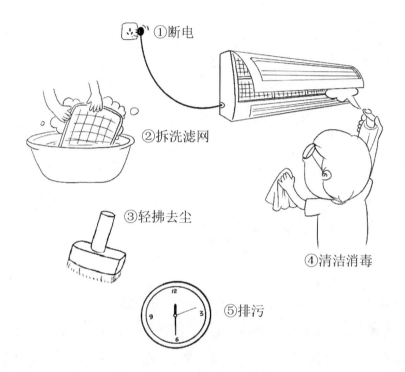

①断电

②拆洗滤网

③轻拂去尘

④清洁消毒

⑤排污

空调机挂在高处,不便清洁,长期使用后就会积累灰尘,同时由于冷凝水的存在,很容易滋生霉菌及其他病菌,带来健康风险。因此建议每隔一两个月就要清洗空调内机,步骤如下:

①拔掉电源,用抹布清理空调表面灰尘。

②打开空调盖,取出滤网进行清洗,清洗后在阳光下晒干。

③使用毛刷,以上下方向轻轻拭去散热片中的灰尘。

④将空调清洁剂均匀喷淋入散热片。

⑤重新安装滤网,盖上空调盖,连接电源,打开窗户,运行空调约 30 分钟,以使散热片上的污物随冷凝水排出。

39. 户外晒太阳，会被晒伤吗？

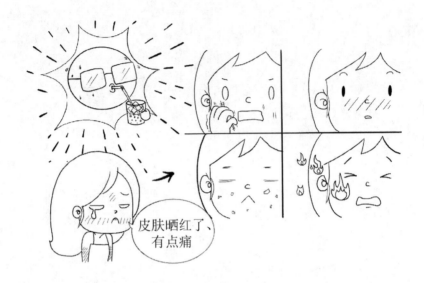

皮肤晒红了、
有点痛

在夏天，户外工作者、运动员及其他人员在缺乏保护的情况下长时间暴晒，会被晒伤，晒伤的部位会出现红斑、水肿或水疱，甚至脱皮，患处会有明显的灼烧感或刺痛感，严重者可伴有发热、头痛、心悸、恶心等症状。

40. 什么是紫外线指数?

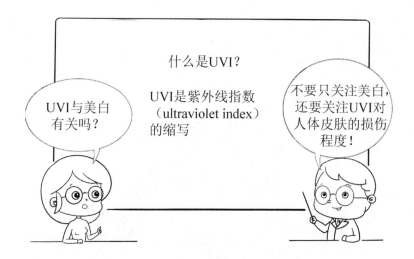

　　紫外线指数是指当日太阳在天空的位置最高时,一般在上午 10 时至下午 3 时之间,照射到地球表面的紫外线对人体皮肤可能造成的损伤程度。紫外线指数通常用 0～15 的强度值来表示,我国把紫外线指数分成 5 个等级,其中强度 0～2 为 1 级,强度 3～4 为 2 级,强度 5～6 为 3 级,强度 7～9 为 4 级,强度≥10 为 5 级。指数强度越大,等级越高,表示紫外线对人体皮肤损伤程度越大。

　　为了预防紫外线长期辐射所带来的健康隐患,每日天气预报进行了紫外线指数预报,用以提示做好个人防护,主动预防。一般在紫外线指数等级为 3 级或以上情况下,外出应采取保护措施。

41. 如何挑选合适的防晒霜?

市面上销售的防晒霜都会标识有防晒系数（sun protection factor, SPF），具体含义是使用防晒品后，皮肤经日光中紫外线照射后产生红斑的时间与未做防护的皮肤被照射产生红斑时间的比值。应该如何选择合适的 SPF 值防晒产品?

①倾向于清爽感觉的人群，适宜使用 SPF 为 8～15 的防晒产品。

②需要进行户外活动，比如步行接送孩子、出门买菜、周末出门逛商场等的人群，适合使用 SPF 为 15～25 的防晒产品。

③需要户外运动比如足球、游泳、爬山以及户外作业人群，适合使用 SPF 为 25～50 的防晒产品，并要注意出汗会降低防晒效果。

42. 防晒霜上面的 PA 是什么意思?

SPF我懂了，PA又是什么？

选防晒霜要注意

①防护等级
② 长波紫外线UVA
③+、++和+++

PA与防晒时间有关，且听我慢慢道来！

紫外线按照波长分类，分为 3 种，分别是紫外线 A 段（UVA），又称长波紫外线，波长在 320～400 纳米波段；紫外线 B 段（UVB），又称中波紫外线，波长在 280～320 纳米波段；紫外线 C 段（UVC），又称短波紫外线，波长在 100～280 纳米波段。其中 UVC 被大气层阻挡，不会伤害我们。第 42 问提到的标识有 SPF 的防晒产品是专防 UVB 的，而标识有长波紫外线防护因子（protection factor of UVA，PA）的防晒产品是用来防御 UVA 的。

PA 表示防护 UVA 的等级，分为+、++、+++三个等级，通过计算防晒产品防止晒黑的时间来划定。那如何选择合适的 PA 产品？

①公司白领和居家活动的人群，建议使用 PA+的防晒产品。

②进行户外活动，比如步行接送孩子、出门买菜、周末出门逛商场等的人群以及光敏感皮肤的人群适合使用 PA++的防晒产品。

③进行户外运动比如足球、游泳、爬山，以及户外作业的人群，适合使用 PA+++的防晒产品。

低温篇

43. "路有冻死骨"是怎么回事?

"路有冻死骨"
是怎么回事呢?

当暴露于寒冷环境时,人体一方面通过皮肤血管收缩,降低血流量,减少或停止汗腺分泌来减少散热;另一方面通过骨骼肌战栗、立毛肌收缩,以及通过体液调节分泌甲状腺激素、肾上腺素等使代谢加强来增加产热。长期处于寒冷环境中,身体产热能力不足以保持体温,体温调节失衡带来健康危害,如增加上呼吸道感染,使心脑血管疾病和呼吸系统疾病等慢性病患者病情加重,增加死亡风险。

研究表明人处于极端低温下的死亡风险是处于适宜温度下的 1.61 倍。对 2008 年寒潮的研究表明,相比非寒潮时期,寒潮使患有呼吸系统、心血管、脑血管疾病的患者的死亡风险增加 61.9%、52.9%和 54.3%。

44. 乍暖还寒，最难将息？

日温差又称昼夜温差，可由白天气温的最高值减去夜间气温最低值计算得到。我国大部分地区冬季平均日温差为 5℃左右，夏季平均日温差为 8℃左右，也存在极端日温差的情况，如 2019 年 4 月 17 日陕西省延安市延长县，录得日温差高达 31.9℃。极高的日温差会带来明显的健康危险。有研究指出日温差每增加 5℃将显著增加 4% 的死亡风险。

45. 低温寒冷对心脑血管疾病患者有多危险？

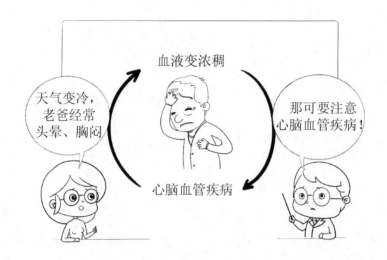

在低温环境下，人体为了保持体温会刺激交感神经兴奋，肾上腺皮质激素分泌增加，加快心率及收缩外周血管，从而增加身体耗能产热及减少热量外散。与此同时，血管外周阻力增加，血压升高；心率加快，心肌耗氧量增加，加重心肌负担；血管内的血液黏稠度增加，血管阻力上升，血液循环减慢，使动脉粥样硬化加重并促进血栓形成。寒冷刺激发生血管痉挛，容易诱发脑卒中、心肌缺血缺氧、心绞痛或急性心肌梗死。

一项北京的研究发现，当日平均气温低于–5.9℃时，气温每降低 1℃，第 4 天冠心病急诊就诊人数会增加 10.3%。冬季日平均气温每降低 1℃，出血性脑卒中急诊就诊人数增加 3.9%。

46. 为什么寒冷会诱发哮喘?

①大量低温、干燥空气直接吸入肺内,会使气道表面分泌物变稠,气道上皮处于高渗状态,容易导致气道上皮损伤、纤毛摆动减弱,使细胞炎症介质释放增加,引起支气管收缩。

②长期暴露于寒冷环境,还会激活肺内的冷敏感通道,使气道内炎性因子增加,导致气道上皮细胞坏死、凋亡,诱发哮喘。

③冬季呼吸道感染也是引起哮喘发作的重要原因。

47. 慢阻肺患者为什么在冬天更难受?

　　慢性阻塞性肺疾病简称慢阻肺,是一种以持续呼吸气流受限并呈进行性发展为特征的肺部疾病,典型病变为肺气肿和小气道狭窄。其主要临床特征有慢性咳嗽、气短或呼吸困难,急性加重期出现哮喘、胸闷和呼吸衰竭。

　　低温是慢阻肺的危险因素,冷空气进入呼吸道刺激黏膜上皮诱导炎症反应产生过量黏液,加之气道受寒冷刺激收缩在原有病变基础上变得更加狭窄,形成通气障碍、呼吸困难、咳痰不出等情况。另外,冬季空气污染较重,加剧炎症反应和氧化应激损伤,使患者呼吸困难。

48. 风寒雨湿对风湿病患者有影响吗?

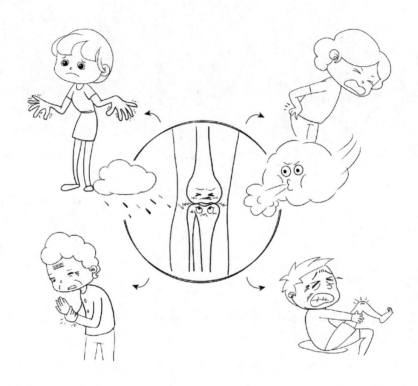

　　类风湿性关节炎是一种慢性进行性的自身免疫性疾病,其发病机理复杂,诱发因素众多,临床表现为慢性关节滑膜炎病变,可累及手、足、腕、踝、颞颌、肘、肩、颈椎、髋、膝等关节。症状表现有早晨起床关节活动不灵活、疼痛、发热,关节畸形,可引起心血管、呼吸、肾脏、神经和消化系统、眼部出现相应的炎症和病变。

　　90%的风湿病患者对天气变化敏感,表现为雨前疼痛会加重,雨后减轻。降雨带来的气温下降、湿度上升、气压上升可能使免疫功能下降,加重关节滑膜增生、炎症细胞浸润,导致关节肿胀、疼痛发作。

49. 为何冬天会觉得皮肤瘙痒?

　　冬天寒冷干燥，加之人体缺乏运动，皮肤中皮脂分泌减少，使得皮肤变得干燥粗糙，皮肤末梢神经受到冷刺激后兴奋，从而产生了瘙痒感。常表现为小腿、前臂和手部出现以干燥和开裂为主的湿疹样皮炎，反复发生，经久不愈。

　　冬季加强皮肤保湿对预防瘙痒尤为重要，建议洗澡使用清水或简单的清洁品，采用流动的水淋浴为佳，避免用力搓揉或用粗糙的毛巾、尼龙球过度搓背。洗完澡后，在身上涂一层润肤乳或润肤霜保护皮肤。另外建议穿柔软、透气及保湿保暖性好的棉质内衣裤。

50. 什么是冻疮？冻疮与冻伤有什么区别？

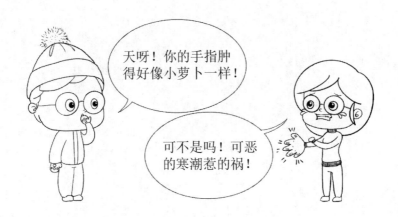

  冻疮是在寒冷刺激下机体肢端外周小动脉收缩引起皮肤表层供血不足导致组织缺氧，表现为局部皮肤水肿型红斑，严重者可发生水疱，破裂形成糜烂或溃疡，愈后存留色素沉着或萎缩性瘢痕。痒感明显，遇热后加剧，溃烂后疼痛，症状一般在回暖数日后消失。

  冻疮一般由 0℃以上的低温造成，其伤害仅局限于皮肤表层，而冻伤包括了 0℃以上及以下任何低温所造成人体局部或全身损伤。冻伤分为四度：Ⅰ度冻伤主要伤及表皮层，局部红肿，有发热、痒及刺痛感；Ⅱ度冻伤伤及真皮层，出现红肿、水疱，疼痛较剧烈，皮肤感觉迟钝；Ⅲ度冻伤伤及皮肤全层或深达皮下组织，创面由苍白变为黑褐色，皮肤感觉消失，其周围红肿、疼痛、出现血性水疱；Ⅳ度冻伤深达肌肉、骨骼组织，伤处发生坏死，其周围有炎症，容易并发感染，愈后多有功能障碍或致残。

51. 长了冻疮怎么办?

①注意局部保暖，阻止恶化。

②避免反复抓掐等刺激患处的行为，不宜用热水浸泡或取暖烘烤。

③手脚患处不宜穿戴过紧的手套和袜子。

④未破溃的患处可外用复方肝素软膏、多磺酸粘多糖乳膏、维生素 E 软膏等。

⑤已破溃的患处可外用 5%硼酸软膏、1%红霉素软膏等，注意卫生，避免创口感染。

⑥对冻疮反复发作者，可在入冬前用亚红斑量的紫外线或红外线照射局部皮肤，促进局部血液循环。

52. 什么是冬季过敏性鼻炎?

　　冬季过敏性鼻炎主要由冷空气引起，是一种过敏反应。冬季低温和干燥的空气会刺激气道收缩变得狭窄,同时会刺激气道黏膜分泌过量的黏液,使细胞炎症介质释放增加,气道会处于较为敏感的状态。患者经常会出现鼻塞、流清水涕、打喷嚏、鼻痒、喉部不适、咳嗽等症状。

53. 如何预防冬季过敏性鼻炎?

预防冬季过敏性鼻炎

做好防护
多做运动
增强体质

①通过医生诊断查找过敏原，避免接触过敏原。同时经常保持室内通风，降低过敏原浓度。当出现过敏不适时，应尽快脱离所在环境。

②冬季空气寒冷干燥，室内可使用加湿器保持 50%～60% 相对湿度。

③注意室内卫生，减少刺激性气体的产生及粉尘、花粉、毛发的产生和飞扬。在空气质量较差的时候，可使用空气净化器。

④注意保持鼻腔湿润和卫生，出门戴口罩，避免着凉感冒。

⑤锻炼身体，增强体质，当出现严重症状时，及时就医。

54. 寒冷防护要点有哪些?

①通过电视、广播、网络等媒体获知低温强度及持续时间。

②户外工作和活动需根据天气情况调整，如遇恶劣天气，例如大雨、大雪、冰雹等情况，应及时停止户外工作并准备好取暖物资。

③气温下降时，应多穿衣服，以免受凉。选择着装时，应遵循轻便保暖原则，穿厚袜、戴帽子和手套，穿保暖和防滑的鞋。

④为了避免身体突然暴露在冷空气中，不宜晨练，最好在上午 10～11 点或下午 3 点等阳光充足时间段锻炼。

⑤冬季寒冷干燥，活动后皮肤中水分散失多，皮脂分泌少，皮肤容易干裂瘙痒，可适当涂保湿护肤霜。

⑥注意室内供暖的同时要保持房间通风。

55. 如何应对暴雪？

①通过各种媒体获知降雪强度和持续时间。

②做好防寒准备，包括室内取暖设备、衣物和足够的食物。

③避免开展户外活动。路过桥下、屋檐等处，小心观察或绕道通过，以免因冰凌融化脱落伤人。

④驾车出行前，确保车况良好，随车携带应急装备。车辆宜安装轮胎防滑链或使用雪地胎。行车时保持安全车速和车距。

⑤室内取暖注意通风，提防一氧化碳中毒。

⑥如家中不具备抗寒条件应向有关部门求助。

56. 如何正确使用室内加湿器?

正确使用加湿器可提高室内湿度,改善干燥带来的不适感及相应的不良健康影响

①根据室内湿度情况和房间大小,调节加湿器的出雾量,将室内湿度维持在 50%~60%的相对湿度。

②为了避免滋养微生物,需要每天给加湿器更换残余积水,并定期使用清洁剂清洗加湿器。

③加湿器不能 24 小时连续运作,一般每使用 1 小时或室内湿度达到适宜水平后暂停一段时间再用。

④加湿器产生的气雾不能直吹,热蒸汽型加湿器释放的是热蒸汽,应避免烫伤;超声波型加湿器喷出的是冷雾,应防止着凉。

⑤使用加湿器的同时注意室内通风,保持一定的新风量。

⑥应避免将加湿器放在木家具和杂物旁,避免木家具和杂物因潮湿而发霉。

⑦不宜将加湿器当作香薰设备,添加花露水、香水等。

57. 穿衣指数是什么?

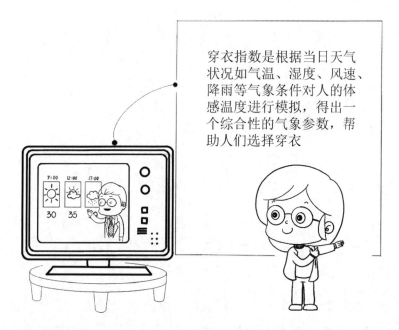

穿衣指数是根据当日天气状况如气温、湿度、风速、降雨等气象条件对人的体感温度进行模拟，得出一个综合性的气象参数，帮助人们选择穿衣

穿衣指数等级	温度/℃	穿衣建议
1级	≥28	夏季装：轻薄短衣、短裤、短裙
2级	24～27.9	夏季装：薄衬衫、薄长裙和T恤衫
3级	21～23.9	春秋装：T恤衫、薄牛仔裤、休闲装
4级	18～20.9	春秋装：风衣、夹克衫、卫衣、休闲装、西装、薄毛衣
5级	15～17.9	春秋装：风衣、大衣、外套、毛衣、西装
6级	11～14.9	秋冬装：毛衣、风衣、毛套装、西装
7级	6～10.9	冬季装：棉衣、冬大衣、皮夹克、厚毛呢外套、帽子、手套、羽绒服
8级	<6	隆冬装：厚棉衣、厚羽绒服、冬大衣、皮夹克、棉（皮）帽、手套

58. 冬天取暖应注意什么?

　　冬季气温较低时,人们习惯紧闭门窗维持室内温度,部分地区在供暖时还会用到老式煤炉和炭火取暖,或洗澡时燃气热水器使用不当,以及在密闭房间内用明火吃火锅、木炭烧烤、煤炉煮食等,都可能使室内一氧化碳浓度升高,导致一氧化碳中毒。

　　一氧化碳是一种无色、无味、无刺激性的气体,过量吸入会引起中毒。一氧化碳极易与血液中的血红蛋白结合,使血红蛋白失去携带氧气的能力,造成组织缺氧。具体表现为头痛、无力、眩晕、嗜睡、恶心、呕吐等,重则昏迷和休克,标志症状为嘴唇等黏膜变为樱桃红色。当中毒者较晚被发现,中毒时间过长,会因呼吸衰竭而死亡。

59. 室内供暖应注意什么?

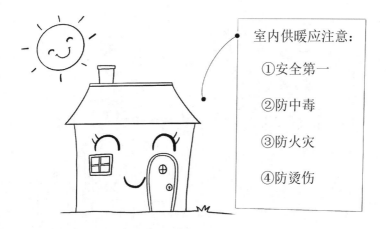

室内供暖应注意:

①安全第一

②防中毒

③防火灾

④防烫伤

①在冬季来临前,对家庭内使用的明火炉具、热水器和供暖设备进行安全检查。

②确保所有锅炉、燃煤燃气或使用其他燃料的供暖设备及热水器所在的房间通风良好,最好配备一氧化碳报警器。

③如果感觉自己吸入一氧化碳产生不适,应尽快打开门窗通风,脱离中毒环境,及时就医。

④注意用电安全,电热器一般功率较大,避免与其他大功率电器一同使用。不要在电热器上覆盖衣物、毛毯,避免火灾。

⑤注意用火安全,严禁用汽油、煤油、酒精等易燃物引火,火炉周围不要堆放可燃物品。每个家庭都应配备小型灭火器等。

⑥不要直接倚靠或接触供暖设备,避免烫伤。

60. 如何提高室内供暖效果?

①安装门窗密封条,密封门窗周围的缝隙。

②避免非供暖区域的供暖管道热量流失,保持足够的热量供应到房间。

③白天阳光好时打开窗帘,黄昏关上窗帘保持房内热量。

④确保室内的家具不会阻碍供暖设备发热。

空气污染篇

61. 空气污染有哪些健康危害?

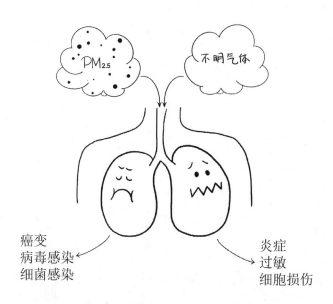

大气污染物是指由于人类活动或自然过程排入大气的并对环境或人产生有害影响的物质。大气污染物按其存在状态可分为两大类：一种是气溶胶污染物，另一种是气体污染物。其中气溶胶污染物对健康的危害受到广泛关注，气溶胶粒子的空气动力学直径小于等于 10 微米时，可以直接被人体吸入呼吸道内；当空气动力学直径小于等于 2.5 微米时可以直接进入肺部，通过肺泡进入血液流向全身。气溶胶成分十分复杂，不同组分的毒性也不同：有机污染物能引发炎症、基因毒性甚至癌变；花粉孢子等可能引起过敏反应；真菌、细菌和病毒将带来感染性疾病。

62. 空气污染会导致肺癌吗?

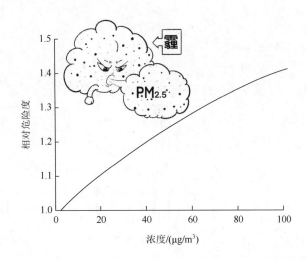

肺癌是我国发病率和死亡率最高的恶性肿瘤，2016 年我国肺癌发病人数约 83 万人，死亡人数约 66 万人。有研究预测 2025 年我国肺癌发病人数将达到 100 万人，空气污染物如 $PM_{2.5}$ 是肺癌的重要危险因素。

$PM_{2.5}$ 引起肺癌发生的机制尚不明确，可能是颗粒物进入肺部产生的机械刺激及颗粒物携带的毒性物质通过氧化应激反应，导致肺组织损伤，同时引起基因毒性作用，促使肺组织细胞凋亡、增生和癌变。

63. 大气颗粒物对心血管系统有什么危害?

大气中的 $PM_{2.5}$ 进入呼吸道后,除了其自身还有其携带的物质,包括金属离子、有机污染物及微生物等,将引起肺部、心血管系统乃至全身炎症,表现为血液黏稠度升高、血管收缩增强、血压升高、促进动脉粥样硬化、局部缺血和血栓形成,导致心血管疾病发生。研究表明,大气中的 $PM_{2.5}$ 浓度每增加 10 微克/米^3,心血管疾病死亡率将上升 3%~6.7%。

64. PM$_{2.5}$对大脑也有危害?

　　PM$_{2.5}$可经肺泡通过气血屏障进入血液循环,从而影响中枢神经系统。长期暴露在高浓度的空气污染中,污染物会损害大脑上皮和内皮屏障,破坏血脑屏障,进入中枢神经系统,引起神经细胞的炎症和氧化损伤,导致神经变性和认知功能损伤,增加阿尔茨海默病、帕金森病及一些脑血管疾病的发病率。

65. PM₂.₅为何会诱发哮喘?

　　哮喘发病率与 $PM_{2.5}$ 浓度呈正相关,一项对在北京各大医院就诊的 9 万余人次哮喘患者的研究表明,$PM_{2.5}$ 浓度每增加 10 微克/米^3,当天因哮喘就诊的门诊人数增加 0.67%。$PM_{2.5}$ 促进哮喘的发生机制有以下几点:

　　①$PM_{2.5}$ 可以直接进入呼吸道,其包含的金属离子和有机污染物作为外源性氧化剂引起机体氧化应激反应,导致哮喘发生。

　　②$PM_{2.5}$ 还可能会引起气道损伤,表现为气道上皮细胞脱离、上皮细胞纤维化、平滑细胞肥大增生、气道表面血管生成增加等气道重构,进一步发展成气道壁增厚和气道狭窄。

　　③$PM_{2.5}$ 暴露激活呼吸道中的炎症反应,导致黏液细胞增生和过度分泌,加重哮喘。

　　④$PM_{2.5}$ 中包含的细菌和病毒进入呼吸道后将在表面定植,引起呼吸道微生物变化并损伤呼吸道,促进气道炎症反应和反应性增高,促进哮喘发生。

66. 空气污染如何影响生殖健康?

空气污染物经由呼吸道进入人体后会对男性和女性造成损害:

①可通过男性的血睾屏障损伤睾丸组织,影响精子的生成及质量,降低生育能力。

②对女性卵巢和胎盘造成氧化损害,降低生成原始卵泡的能力,降低生殖潜力;降低孕妇孕期分泌激素水平,改变胎盘线粒体甲基化,甚至产生胎盘毒性,对胎儿整个生长发育过程产生影响,导致畸胎、早产。

67. 光化学烟雾对健康有什么影响?

　　排入大气中的氮氧化物和非甲烷碳氢化合物等在强烈阳光照射下,发生光化学反应,产生过氧乙酰硝酸酯、臭氧、过氧化氢、醛类、高活性自由基、有机酸和无机酸等二次污染物。随着光化学反应不断进行,一次和二次污染物的混合物浓度不断升高形成的烟雾,称为光化学烟雾。

　　光化学烟雾对健康的危害体现在会刺激眼睛、呼吸道等,表现为红眼病(急性细菌性结膜炎)、哮喘发作等,长时间暴露在光化学烟雾环境下会出现中枢神经损害或肺水肿。

68. 持续雾霾天气对健康危害有多大?

雾霾天气与许多疾病有关:

①气管炎
②哮喘
③心律失常

霾

雾霾天气的持续会给人类健康带来严重危害。例如颗粒物（PM$_{2.5}$等）通过呼吸道进入血液循环，进而影响呼吸系统、心血管系统，诱发气管炎、哮喘和心律失常等。经相关研究评估，2016 年济南市 PM$_{2.5}$ 污染导致70255 人患急/慢性支气管炎，5509 人早逝，健康经济损失达 1488310.6 万元。

69. 雾霾天怎么做好个人防护?

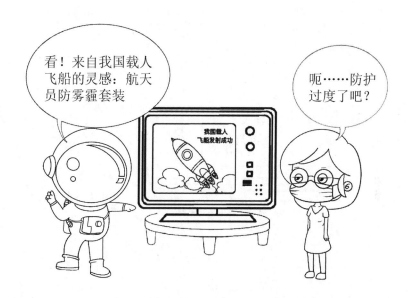

①雾霾天应紧闭门窗，等到太阳出来驱散雾霾后再开窗换气。有条件的家庭可使用空气净化器，需注意定期清理和更换滤网。

②应取消早晚锻炼，出门时应戴上口罩。空气质量较差时可选用医用防护口罩、N-95 型口罩或 N-99 型口罩。

③外出回来后应及时用温水清洗脸部及其他裸露的皮肤，漱口以及清理鼻腔，勤洗头。

④因雾霾天气眼睛不适者，可使用人工泪液缓解不适。如果症状严重，应及时就医。

⑤调整生活习惯，适当休息，避免过度劳累，加强锻炼。

⑥如感觉呼吸不畅或出现呼吸系统疾病，应及时就医。

⑦减少老人、小孩、孕妇及慢性疾病患者的暴露。

70. 如何看懂空气质量指数?

　　空气质量指数是用于描述空气质量状况的指标，是根据环境空气中各项污染物（二氧化硫、二氧化氮、一氧化碳、臭氧、PM_{10}、$PM_{2.5}$）的浓度计算简化后得到的概念性数值，并分级表示空气质量状况。

　　其中一级和二级表示空气质量优、良，可能对极少数敏感人群健康有影响；三级、四级、五级分别代表轻度污染、中度污染、重度污染，会加重心肺疾病患者的症状和使健康人群出现呼吸道刺激症状；六级为严重污染，将对人类健康带来严重危害，不宜出门。

极端天气篇

71. 个人如何参与空气污染治理?

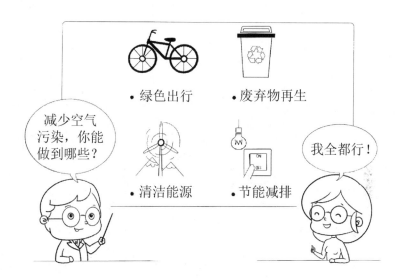

①绿色出行，多采用公共交通工具，减少汽车废气排放。

②驾驶燃油车在临停和等待红绿灯时，主动关闭引擎，减少停车过程中不必要的排放。

③支持清洁能源的使用，如水电、风电、太阳能、核能等，减少煤炭、石油等污染性能源的使用。

④节约能源，合理选用节能电器，节约用电。

⑤不通过焚烧处理家庭废弃物、杂草、树叶及秸秆，选择合理的资源回收方法和绿色堆肥等方法处理。

⑥坚持绿色消费，勿用重污染、高能耗和过度包装的物品。

⑦增加物品可持续利用率，避免使用一次性物品，可回收利用的物品可以捐赠或二手转卖。

72. 气象灾害预警信号有哪些?

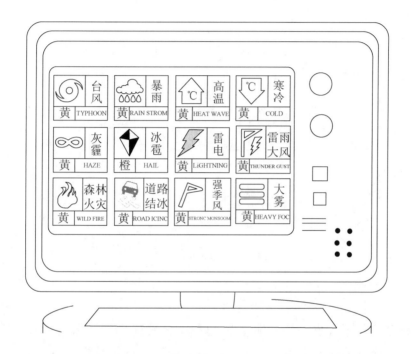

　　我国气象灾害预警信号按照强度标准以及造成的人员伤亡和财产损失程度进行分级预警。具体分为四级，分别是红色Ⅰ级预警（特别重大）、橙色Ⅱ级预警（重大）、黄色Ⅲ级预警（较大）、蓝色Ⅳ级预警（一般）。

　　气象预警信号分别由相应的气象灾害名称、图标、标准以及防御指南组成，分为台风、暴雨、气象、高温、寒冷等。不同的省（自治区、直辖市）会根据自身地区气象特点对于同一或不同的预警类型制定不同的标准。比如国家标准《降水量等级》（GB/T 28592—2012）规定 24 小时降雨量 50.0～99.9 毫米为暴雨，而《新疆降水量级标准（修订版）》（2004）规定 24 小时降雨量达到 24.1～48.0 毫米为暴雨。

73. 如何获得气象灾害预警信号?

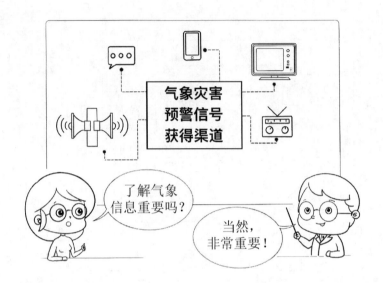

我国气象灾害预警信号实行统一发布制度,由各级气象主管机构所属的气象台站按照发布权限、业务流程发布预警信号,并指明气象灾害预警的区域,通过广播、电视、网络、公共场所电子显示装置及时向社会发布。

公众可以通过以上途径获知气象灾害预警信号,也可主动搜索当地气象台网站、天气预报以及通过具有天气查询功能的手机应用程序获得。

74. 暴雨带来什么健康风险？

　　暴雨对人群的健康危害主要体现在强降雨引起的洪水、滑坡和城市内涝对人民生命健康带来的直接危害，比如溺水、交通事故、跌倒、杂物撞击。暴雨带来的其他间接健康风险包括：

　　①暴雨对下水道、垃圾处理系统造成严重破坏，导致垃圾堆积，细菌、病毒、寄生虫等病原体污染自来水和食物，引起肠道传染病。

　　②暴雨过后形成的大片积水，成为蚊虫滋生场所，增加媒介传染病如登革热、流行性乙型脑炎等传播风险。

　　③长期降雨限制了居民的生活和运动，降低个人免疫力，高湿环境还容易滋生霉菌，诱发呼吸道传染病。

75. 台风对健康有什么危害?

  2020 年 4 号台风"黑格比"在浙江省乐清市登陆,造成浙江、上海两地 188 万人受灾,5 人死亡,32.7 万人紧急转移安置,1.2 万人需紧急生活救助。台风除了带来狂风、强降雨和风暴潮直接对人员造成伤害外,还可通过损坏住所和健康服务设施、污染水源、使粮食减产等间接影响健康,导致伤残、传染病发病甚至死亡人数的增加。台风灾害还会对受灾群众造成心理创伤,产生焦虑、抑郁、创伤后应激障碍等心理疾病。

76. 台风来临前要怎么应对？

台风来临前需做好准备和及时避险：

①要及时收听、收看或网络查阅台风预警信息，持续关注台风动态信息和了解政府的防台行动对策。

②检查门窗并提前关紧，可在窗玻璃上用胶布贴成"米"字，以防玻璃破碎。

③居住在各类危旧住房、厂房、工棚、帐篷、船舶的民众，要及时转移到安全地带。

④尽量不要外出。在外时，千万不要在临时建筑物、广告牌、铁塔、大树等附近躲避。

⑤如果开车在外，应立即将车开到地下停车场或隐蔽处。

⑥海上作业人员和水上活动人员应尽快回港和上岸避风。

⑦如遇上打雷，则需采取防雷措施。

77. 暴风雨的防护要点是什么?

①暴风雨期间尽量不要外出,必须外出时要带好雨具。

②外出时应尽量不要骑自行车和电动车。

③暴风雨期间行走时应注意绕开河道、低洼易涝点、配电箱柜,避开危险边坡、危险挡土墙、临时建筑物等危险区域。

④行走时注意路面,防止跌入深井、坑或洞中。雷雨天要注意远离路灯、高压线,避免触电。

⑤暴风雨中开车应开雨雾灯、减速慢行,不要穿越水浸路。当汽车涉水熄火后,应下车到高处等待救援,不要在车上等待。

⑥居民可在家门口放置挡水板、沙袋或堆砌土坎防止浸水,危旧房屋或低洼地势居民应及时转移到安全安置点。

⑦注意用电安全,提前切断水浸房屋及配电箱柜的电源,预防积水带电伤人。

78. 雷击的方式有哪些?

常见的雷击方式
有这几种哟!

直接雷击　接触电压　旁侧闪击　跨步电压

雷电除了直接击倒行人,还可以通过接触电压、旁侧闪击和跨步电压等方式对人造成伤害:

直接雷击:当雷电直接袭击人体,在千分之几秒间,高达十几万安培的电流穿过人体,严重者会当场死亡。

接触电压:当雷电击中高大尖端物体(如树木、电灯柱等)进行放电时,强大的电流通过物体流向大地,如人接触到这些物体,就会发生触电。

旁侧闪击:当雷电劈中一个大树,向大地放电过程中,人刚好站在旁边,因为人体电阻比大树小,电流就会从大树流动到人身上。

跨步电压:当雷向大地放电时,会在雷击地点形成一个电势分布区域。如果有人此时刚好站在雷击点旁边,而且双脚站的地点电位不同,电位差在双脚间产生电压,将会有电流通过发生触电。

79. 雷击的伤害程度有多大?

　　被雷击"非死即残",强大电流通过人体时,对不同的系统造成的损伤存在差异,体表可有广泛的烧灼伤,如携带有金属物品还会因金属热熔造成更严重的烧伤、熔穿及炭化。雷电还会因瞬间的冲击压缩空气对人体造成严重机械性伤害,如颅骨骨折和肢体离断等。

　　内脏器官也会遭受伤害,首当其冲的是大脑及中枢神经系统;其次是心血管系统,可造成心脏停搏、心室纤维性颤动,电流带来的热效应和机械效应会造成血管灼伤、断裂等;再次是呼吸系统,除了使中枢神经受损引起呼吸麻痹,电流冲击会使呼吸肌痉挛,造成呼吸停止或异常;最后还有如鼓膜破裂、感觉性耳聋、失明、电击性白内障、肢体麻木、感觉缺失等。

80. 如何防雷击?

①避免雷雨天气外出，出门在外尽量躲到有防雷装置的建筑内部。

②室内应注意关闭门窗，预防雷电直击室内或防止侧击雷和雷球入侵，还需注意远离门窗、水管、煤气管等金属物体避免触电。

③雷雨来临前，关闭家用电器，拔掉电源插头，防止雷电从电源线入侵，引雷入室损坏电器并造成火灾。

④尽量不要拨打、接听手机和座机，以及上网。

⑤雷雨期间不宜洗澡，避免电流通过水管和水流导致触电。

⑥雷雨天气不要在空旷的野外停留，不要躲在大树或电线杆、路灯杆下。应尽量寻找低洼之处藏身，或立即下蹲，双脚并拢。

⑦雷雨天气不要停留在山顶、山脊、高楼平台或其他建筑物顶部，也不要停留在孤立烟囱、高压线塔、广告牌、公交站牌旁。

⑧雷雨中若手持金属雨伞、羽毛球拍、高尔夫球杆、斧头、锄头等物品，一定要扔掉或让这些物体低于人体。

⑨雷雨天气不宜快速开车和骑车，遭遇打雷时，不要将头、手伸出窗外。

⑩高压线遭遇雷击断裂后，高压线落地点附近存在跨步电压，身处附近的人千万不能跑动，应双脚并拢，跳离现场。

81. 洪涝过后常见哪些传染病?

　　由于饮用水和食物受到洪涝污染,在缺乏净化消毒措施情况下,灾民饮用和食用被污染的水和食物,可能会造成多种肠道传染病感染,比如霍乱、细菌性痢疾、伤寒等。

　　洪涝摧毁野生动物和饲养家畜的家园,使病原体随疫水四处播散,加上鼠类及家畜随灾民的迁徙而转移,还有蚊虫的大量滋生,扩大了疫源地范围,增加流行性出血热、登革热、流行性乙型脑炎等自然疫源性疾病的传播风险。

82. 洪涝灾后如何保护健康?

①饮水卫生
②环境卫生
③防疫病
④防伤害

洪涝后风险多多,要如何防护?

首先,当然是保持冷静!

①注意饮食卫生,不喝生水,不吃腐败变质的食物和被污水浸泡过的食物,不吃淹死、病死的禽畜。

②注意环境卫生,洪涝过后,废物和垃圾较多,应尽快清理。

③避免手脚长时间浸泡在水中,尽量保持皮肤清洁干燥。

④慎防触电,灾前注意提前切断低洼易淹区的电源。涉水行进时注意积水掩盖的电线和输电变压设备。

⑤防伤害。涉水行进和劳动时建议穿戴胶靴、胶手套、胶裤等,小心积水中的深坑,避免被积水中的异物划破皮肤造成伤口。

⑥防疫病。洪灾后增加了传染病传播风险,需注意对灾区消毒杀虫灭鼠。如出现发热、呕吐、腹泻、皮疹等,要尽快就医。

⑦保持乐观,人在洪涝灾害中容易出现焦虑、抑郁等不良情绪,严重的会引起心理疾病。

83. 潮湿会有什么健康危害?

　　潮湿是指空气相对湿度较高。相对湿度过高会对健康产生不良影响，特别是高温加上高湿，人体排出的汗液不能及时蒸发，热量和水液积蓄在体表，造成体温上升，发生中暑。

　　在低温季节，潮湿增强空气的导热作用，更加容易带走身体热量，使机体受到寒冷影响，还会对患有骨关节炎症、软组织损伤的人造成影响。冷湿空气也会刺激支气管，增加慢性炎症渗出。

　　潮湿为室内微生物生长提供良好环境，当相对湿度高于 65% 时，细菌繁殖就会特别旺盛；当相对湿度大于 75%，霉菌生长会异常活跃，将带来呼吸系统感染、过敏性鼻炎等风险。

84. 梅雨天如何防潮?

黄梅时节家家雨，
青草池塘处处蛙。

①梅雨天气最好关闭门窗，隔绝外界湿气进入室内。选择在气温升高和阳光照射的中午再打开窗户通风。

②在梅雨季节，太阳光是大自然的恩赐，尽量让家里的衣物、床被、干货、鞋子等容易受潮的物品接受阳光的照射。

③适当开空调或抽湿机，有助于减少室内湿气。

④在衣柜、储物柜、鞋柜等阴凉易受潮的地方放入干燥剂。

⑤衣物晾挂可以使用烘干机，也可以使用宽肩衣架、多个衣架挂晾等方法增加透气通风面积，加速晾干。

85. 龙卷风有多危险?

　　龙卷风因其强大的风力，可直接将人吸到旋涡中，最后人会被甩出旋涡或龙卷风平息后掉落地面，造成坠落伤。

　　在龙卷风波及范围内的人很容易被其卷起的其他杂物（如树枝、石块等）砸伤，也可能会被损坏的大树、电灯柱等倾倒压中，也可能被断开的电线打伤及触电。

　　龙卷风发生前常伴有雷暴、强风、短时强降雨以及冰雹，也会对人造成一定的健康风险。

86. 碰到龙卷风怎么办?

当发现龙卷风生成和来临时,应尽快躲避到安全的地方,并采取措施:

①在室内时,尽快关紧门窗,远离门窗和墙壁,最好躲到地下室,如无地下室应躲到与龙卷风方向相反的墙壁抱头蹲下。

②在室外时,应尽量远离龙卷风前进方向,就近趴入低洼区藏身,同时远离大树、电线杆和广告牌等以免被砸、压和触电。

③开车遭遇龙卷风,千万不能开车躲避,更不能在车中躲避,龙卷风能把汽车和人吸起,汽车还会因为强大气压差发生爆炸。

④龙卷风过后发生电线杆倾倒、房屋倒塌等,应及时拨打救援电话,并切断电源,防止触电和引起火灾。

⑤千万不要为了观赏龙卷风或拍摄龙卷风而疏忽躲避危险。

87. 干旱带来什么健康影响?

与其他自然灾害不同，干旱一般发生缓慢、持续时间长、影响范围广，对人类健康的影响通常是间接的，主要有以下方面：

①由干旱引起的粮食短缺和饥荒，造成儿童营养不良比例升高，影响儿童生长发育。

②干旱限制了生活用水量，居民饮用不符合卫生标准的二次供水和自备水源的比例增加，以致肠道传染病发病风险增加。

③干旱地区的土壤干燥，灰尘飞扬，更容易被人吸入体内，不仅对呼吸系统造成直接损害，还能成为病原体的载体，诱发疾病感染。

④干旱增加居民对环境和生存的压力，影响心理健康。

88. 干旱健康防护有哪些要点?

干旱期间的健康防护措施包括:

①应留意气象部门发布的干旱预警信号,做好防灾准备。

②家用储水设备要定期维修和清洗消毒,优先保证生活饮用水。

③不能饮用未经消毒的不洁水源。蔬菜瓜果等食品食用前需用洁净的水清洗干净,避免发生食物中毒。

④由于水源紧缺,容易造成家禽家畜和野外动物大量死亡,切忌食用病畜和死畜。

⑤干旱时由于食物短缺,会使老鼠、蟑螂等媒介生物侵扰生活环境和食品的机会增加,提高了食品污染和媒介传染病的机会。

⑥由于干旱引起的扬尘增加,需常戴口罩防护。

89. 沙尘暴会带来什么健康影响?

沙尘暴的粒径是对人类健康产生潜在危害的重要因素。空气动力学直径大于 10 微米的颗粒称为不可吸入颗粒物,主要造成皮肤和眼睛刺激、结膜炎,从而增加眼部感染的风险。空气动力学直径小于等于 10 微米、大于 2.5 微米的颗粒称为可吸入颗粒物(PM_{10}),通常会附着于鼻腔、口腔和上呼吸道中,从而可引发呼吸系统疾病,例如哮喘、气管炎、肺炎、过敏性鼻炎和硅肺。空气动力学直径小于等于 2.5 微米、大于 0.1 微米的细颗粒物($PM_{2.5}$)可渗入下呼吸道并进入血液,长期暴露可引发心血管疾病和呼吸系统疾病以及肺癌。

90. 如何做好沙尘暴个人防护?

沙尘暴防护小建议:

①关注天气预报
②紧闭门窗
③戴好护目镜
④戴好口罩
⑤感到不适要就医

①通过媒体获知沙尘暴强度以及持续时间。

②及时关闭门窗,必要时可用胶条对门窗进行密封。

③外出时要戴护目镜和口罩,以免沙尘侵害眼睛和呼吸道。

④机动车和非机动车应减速慢行,密切注意路况,谨慎驾驶。行人也应特别注意交通安全。

⑤发生强沙尘暴天气时不宜出门,尤其是老人、儿童及患有呼吸道过敏性疾病的人。

⑥回家后可以用清水漱口,清理鼻腔,有条件时应该洗澡,及时更换衣服,保持身体洁净舒适。

⑦如果咳嗽、痰多、发烧,应及时吃药、休息。如果这些症状在一段时间内不能缓解的话,应当到医院就诊。

第三部分　应对气候变化，降低健康危害

91. 气象灾害发生后容易忽视的健康问题是什么?

　　气候变化及其带来的极端天气不仅会增加人群的气候敏感疾病发病率和死亡风险，还会带来精神上的压力和负担。如洪涝是全球最为广泛、受灾人数最多的极端天气事件。当洪涝灾害的严重程度及规模超出灾区居民的承受能力时，会对灾区居民的心理健康产生不同程度的影响。创伤后应激障碍是最常见的精神障碍，除此之外还包括焦虑和抑郁。虽然时间、社会修复和心理保健有利于精神创伤恢复，但是受灾人群的心理健康需求仍需长期关注。

92. 灾后如何缓解精神压力?

世界那么美,
我们去看看!

经历灾难冲击的人会产生焦虑、恐惧和抑郁等不良情绪,可以从以下方面给予帮助缓解精神压力:

首先是保障安全和稳定。通过物质和精神支持给予受创人员安全稳定的环境,包括食物、水、住所、通信手段等,有时候一个电话,都能带来安全感和踏实感,提高受创人员愈合能力。

其次是良好的社会关系。一方面,家庭和亲友的关心与支持、社会各界的鼓励,可以满足受创人员的心理需求,带来排解心理障碍的机会。另一方面,不同受创人员之间也可以相互帮助。

最后是接受专业的心理评估、辅导及治疗。在专业心理辅导人员的帮助下适应灾害带来的心理障碍,梳理创伤经历,推动心理愈合进程,融入适应正常的生活节奏。

93. 什么是气候变化脆弱性？

气候变化给健康带来非常大的风险

　　为什么有人容易受到气候变化的健康危害？政府间气候变化专门委员会将不同人群容易受到气候变化不良影响或者无法应对不良影响的程度定义为气候变化脆弱性。气候变化脆弱性主要由人群的暴露程度、敏感性以及适应能力决定，一般情况下，气候变化脆弱性与暴露程度和敏感性呈现正相关，比如某人对于高温的暴露越多或敏感性越高，高温对其的潜在健康影响就越大，因此气候变化脆弱性就越高；另外，气候变化脆弱性与适应能力呈负相关，适应能力越强，对人群健康的影响越小，气候变化脆弱性也就越低。因此健康状态、生活方式、职业、社会文化以及个人行为习惯都会影响气候变化脆弱性。

94. 哪些人是极端天气脆弱人群?

面对极端天气，我们携手同行

①老年人。老年人身体功能随着年龄增长而衰减，行动不便、信息不畅通，不能及时获得气象灾害预警信号，难以在极端天气事件中保护自己；同时，老年人体温调节能力下降，难以耐受极端气温和气温骤变；而且他们多患有慢性病，气候变化会加重慢性病病情。

②孕妇。孕妇的生理状态使其和胎儿的耐受能力低于普通人，对极端天气事件较为敏感，更容易受到高温、低温等影响。

③儿童。儿童处于生长发育期，身体调节功能较弱，且儿童对气候变化造成的健康危害意识薄弱，不会主动采取措施进行预防，更因不擅于清楚表达身体的不适感，较难适应气象因素的变化。

④户外工作者。户外工作者因为工作须在室外长时间暴露于高温、低温、雨、雪、风、霜、冰雹、沙尘等，同时由于工作环境限制难以提供相应的防护设备，使其健康风险显著高于其他人群。

95. 什么是适应气候变化?

　　适应气候变化是指自然界针对实际已经发生的及预计将要发生的气候变化及其影响做出调整的过程。适应的本质是趋利避害，有效的适应分为三个阶段：第一阶段是降低对气候变化不利影响和风险的暴露度和脆弱性；第二阶段是制定适应的规划、政策和实施方案；第三阶段是实现气候恢复和能源转型，走满足当代需求而又不危及后代的可持续发展路线。

96. 什么是减缓气候变化?

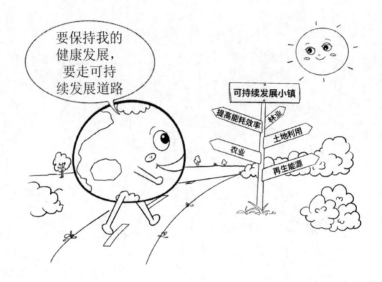

　　减缓气候变化是指减少温室气体排放或增加森林植被对二氧化碳等温室气体的吸收等人为干预。气候变化减缓可通过可再生能源利用、提高能源效率、可持续土地利用、可持续林业管理、可持续农业发展等方式进行。

97. 适应和减缓气候变化有什么区别和联系?

　　应对气候变化包括减缓与适应，两者相辅相成，缺一不可。两者目标不同，适应气候变化的目标是发展气候智能型经济和建设气候适应性社会；减缓气候变化的目标是发展低碳经济和建设低碳社会。

　　但两者又相互联系，减缓是遏制气候变化的根本途径，但由于经济和气候系统的巨大惯性，二氧化碳大量排放所造成的人为气候变化在未来很长时间难以完全逆转。因此人类必须采取适应措施，减轻气候变化对生态系统、经济、社会发展以及人类健康的不良影响。

98. 应对气候变化与环境保护有什么联系?

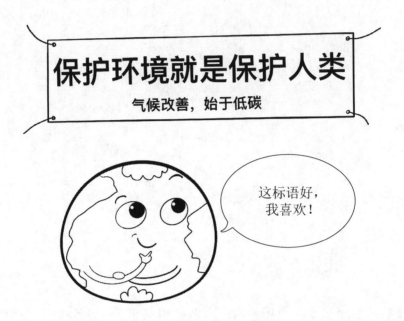

广义的环境保护是指人为去协调人类与环境的关系,合理利用自然资源,防止环境污染和破坏,其内涵也包括人类通过适应和减缓气候变化来保护气候环境。实际上人类在生产生活过程中排放的废弃物,包括二氧化碳等温室气体由于无毒,所以不纳入环境污染物一类,但一同排放的二氧化硫、一氧化碳等有害气体却会污染环境。因此环境保护和节能减排等减缓气候变化措施在实际工作中目的不同但互有联系。

99. 气候如何影响健康？

气候对人类健康的影响是一个复杂的过程，通过直接损害和间接影响影响人类健康：

①直接损害健康，比如洪涝、台风等直接造成的伤害。

②间接影响可以以自然生态系统为中介影响健康，例如干旱导致食物缺乏，营养不良的发生风险增加。也以人类社会系统为中介影响健康，比如高温暴露增加心脑血管疾病和呼吸系统疾病的发生率和死亡率。

100. 个人如何应对气候变化？

气候变化带来全球环境改变，关系到每一个人的生存和健康，需要全球一起努力。个人参与气候变化应对行动，可以从转变自我观念，践行绿色生活方式等做起，带动其他人一起参与。

①按需索取，杜绝浪费，减少购买和使用不必要的生活物品。

②光盘行动，鱼肉米面菜果营养均衡，不过量、不浪费。

③绿色出行，鼓励使用公共交通和绿色能源交通工具。

④节约资源，避免使用一次性物品。

⑤不追求过度时尚，拒绝使用珍贵动植物制品。

⑥珍惜水电资源，随手关闭水龙头和电灯。

⑦爱护大自然，动手绿化生活周边，积极响应植树护林活动。

参 考 文 献

柴雅欣, 2020. 深度关注 多国遭遇热浪侵袭 高温突破历史极值 气候变暖加剧极端天气频率[EB/OL].
    （2022-08-23）[2022-11-23]. http://v.ccdi. cn/2022/08/22/ VIDEcIOFpqNttOPYMbnbeEsm220822.
    shtml.
范雯杰, 俞小鼎, 2015. 中国龙卷的时空分布特征[J]. 气象, 41（7）：793-805.
顾金华, 2013. 2025 年, 我国肺癌病人预计将达到 100 万[N/OL]. 青年报, 2013-12-11（B04）
    [2022-11-23]. http://app.why.com.cn/epaper/qnb/images/ 2013-12/11/B04/QNBB04Bc11C.pdf.
李彩玲, 黄先香, 蔡康龙, 等, 2020. 2019 年中国龙卷等对流大风过程及灾情特征[J]. 气象科
    技进展, 10（1）：7-14.
李文勤, 2020. [高温科普五]什么是高温热浪?[EB/OL].（2020-11-05）[2022-11-23]. http://www.qxkp.
    net/zxfw/zxdt/201108/t20110817_2978416. html.
刘博, 2014. 脑卒中和冠心病对天气变化响应及预测模型研究[D]. 兰州：兰州大学.
联合国政府间气候变化专门委员会, 2014. 气候变化 2014：综合报告[R]. 哥本哈根.
全国气象防灾减灾标准化技术委员会, 2012. 降水量等级：GB/T 28592—2012[S]. 北京：中国
    标准出版社.
全国气象仪器与观测方法标准化技术委员会, 2018. 霾的观测识别: GB/T 36542-2018[S]. 北京:
    中国标准出版社.
任萌, 刘言玉, 李道娟, 等, 2022. 河北省 $PM_{2.5}$ 长期暴露的肺癌死亡负担及经济损失[J]. 环境
    卫生学杂志（5）：345-350.
王泓程, 2022. 城市雾霾污染的人体健康危害及生态环境损害的量化评估研究[D]. 济南：山东
    大学.
王庭槐, 2018. 生理学[M]. 9 版. 北京：人民卫生出版社.
王也, 田曼, 2020. $PM_{2.5}$ 参与哮喘发生发展的机制研究进展[J]. 医学综述, 26（11）：2145-2150.
王祎, 2020. 中国气象局：2019 年全国平均气温较常年同期偏高[EB/OL].（2020-01-03）
    [2022-11-23]. https://www.chinanews.com.cn/sh/2020/01-03/ 9050469.shtml.
新疆维吾尔自治区乌鲁木齐市人民政府办公厅, 2005. 关于印发乌鲁木齐市突发气象灾害预警信号
    发布试行办法的通知[EB/OL].（2005-11-25）[2022-11-23]. https://www.chinaacc.com/new/63/74/117/
    2006/1/li9372713517160024488-0.htm.
佚名, 2012. 寒潮的定义[EB/OL].（2012-10-31）[2022-11-23]. http://www.cma. gov.cn/2011xzt/
    20120816/2012081601_2_1_1/201208160101/201210/ t20121031_188805.html.
佚名, 2013. 降雪量[EB/OL].（2013-12-11）[2022-11-23]. http://www.qxkp.net/ qxbk/qxsy/202103/
    t20210301_2787292.html.
俞国良, 陈婷婷, 赵凤青, 2020. 气温与气温变化对心理健康的影响[J]. 心理科学进展, 28（8）：
    1282-1292.
张明禄, 2022. 如何正确理解气候变化的范畴? [EB/OL]. (2022-05-24)[2022-11-23]. http://www.

qxkp.net/qxbk/qhyqhbh/202205/t20220524_4851396.html.

张慧, 2019. 全国昼夜温差排行榜出炉!看看你家一日过几季?[EB/OL].（2020-11-05）[2022-11-23]. http://news.weather.com.cn/2019/04/3180125. shtml.

张云权, 宇传华, 鲍俊哲, 2017. 平均气温、寒潮和热浪对湖北省居民脑卒中死亡的影响[J]. 中华流行病学杂志, 38（4）: 508-513.

中国气象报社, 2022. 今年梅雨不走寻常路[EB/OL]. (2022-07-29)[2022-11-23]. https://www.cma.gov.cn/2011xzt/2015tgmb/202207/t20220729_5006889.html.

中国气象局, 2019. 台风防御指南[EB/OL]. (2019-07-04)[2022-11-23]. https://www.cma.gov.cn/2011xzt/2018zt/20100728/2010072806/201807/t20180706_472647.html.

中国气象局气候变化中心, 2019. 中国气候变化蓝皮书(2019)[M]. 北京: 科学出版社.

中国气象局国家气候中心, 2021. 中国气候公报(2021)[EB/OL]. (2022-03-08)[2022-11-23]. https://www.cma.gov.cn/zfxxgk/gknr/qxbg/202203/t20220308_4568477.html.

中国气象局气候变化中心, 2022. 中国气候变化蓝皮书(2022)[M]. 北京: 科学出版社.

中华人民共和国国家卫生健康委员会办公厅, 2019. 国家卫生健康委办公厅关于印发空气污染（霾）人群健康防护指南的通知 [EB/OL]. (2019-12-04)[2022-11-23]. http://www.gov.cn/xinwen/2019-12/10/content_5459931.htm.

周晓宇, 赵春雨, 崔妍, 等, 2020. 1961—2017 年中国东北地区降雪时空演变特征分析[J]. 冰川冻土, 42（3）: 766-779.

Ma W J, Wang L J, Lin H L, 2015. The temperature-mortality relationship in China: An analysis from 66 Chinese communities[J]. Environmental Research, 137: 72-77.

Zheng R S, Zhang S W, Zeng H M, et al., 2022. Cancer incidence and mortality in China, 2016[J]. Journal of the National Cancer Center, 2（1）: 1-9.

Zhou M G, Wang L J, Liu T, et al., 2014. Health impact of the 2008 cold spell on mortality in subtropical China: The climate and health impact national assessment study（CHINAs）[J]. Environmental Health, 13: 1-13.